Daniel Fleischhacker

Der Luftkissenzug von Jean Bertin. Die Technologie des AÈROTRAIN

GRIN Verlag

Dieses Buch bei GRIN:

http://www.grin.com/de/e-book/285686/der-luftkissenzug-von-jean-bertin-die-
technologie-des-aerotrain

Technische Universität Berlin

Fakultät I: Institut für Berufliche Bildung und Arbeitslehre

Seminar: Technische Grundlagen der Arbeitslehre

Hausarbeit:

Jean Bertin und der AÈROTRAIN

Berlin, den 16.05.2011

Daniel Fleischhacker

Kernfach TU: Arbeitslehre

Zweitfach FU: Deutsch

Inhaltsverzeichnis

1. Einleitung

„Es sind mit dieser Gleitschiene Fahrzeuge mit

Geschwindigkeiten von 700 bis 800 km/h geplant"

W. Just, 1961

Am Morgen des 2. März 1969[1] erhob sich in der Nähe der französischen Stadt Toulous ein Passagierflugzeug in den Himmel, um kurze Zeit später mit einem Knall die Schallmauer zu durchbrechen. In der zivilen Luftfahrt hatte an diesem Morgen das Zeitalter des Reisens mit Überschallgeschwindigkeit begonnen. Die Concorde sollte bis zur Einstellung des Linienbetriebs im Jahre 2000 unzählige Geschwindigkeitsrekorde brechen und noch heute gilt sie als Meilenstein auf dem Gebiet der Luftfahrttechnologie.

Doch während die Concorde Ende der 60er Jahre schneller als der Schall durch die Lüfte jagte, bewegte sich auf französischem Boden ein Vehikel ebenfalls mit rasanter Geschwindigkeit. Der Ingenieur Jean Bertin arbeitete mit seinem Team zu diesem Zeitpunkt mit Hochdruck an der Entwicklung eines neuartigen Hochgeschwindigkeitszuges. Das besagte Fahrzeug bewegte sich jedoch nicht auf konventionellen Schienen, wie andere Züge dies überwiegend tun, sondern schwebte auf einem Luftkissen wenige Zentimeter über einer Trasse aus Beton. Der Name des Zuges: AÉROTRAIN.
Doch wer war Jean Bertin und was machte seinen Luftkissenzug einzigartig? Von welchem Interesse war die neuartige Technologie und was wurde aus dem AÉROTRAIN? Diese Fragen sollen im Rahmen dieser Hausarbeit beantwortet werden.

2. Jean Bertin

Jean Bertin wurde im Jahre 1917 geboren und studierte bis 1938 an der *École Polytechnique*, einer angesehenen Elitehochschule in Frankreich. Nach Abschluss seines Studiums auf dem Gebiet der Aeronautik an der *École Nationale Supérieure de l'Aéronautique* in Toulous im Jahre 1944 wurde er Mitglied der *Staatlich französischen Gesellschaft zur Entwicklung von Flugmotoren* (Société Nationale d'Études et de Construction de Moteurs d'Avion), wo er unter anderem an der Entwicklung von

---

[1] vgl.: Brian Calvert: Flying Concorde. Shrewsbury 1981, S. 235.

Flugzeugantrieben beteiligt war. Im Jahre 1955 gründete er zusammen mit einigen Kollegen die Firma *Bertin et Cie*, deren Ziel es war, das Wissen auf dem Gebiet der Aeronautik vor allem für den Ziviltransport nutzbar zu machen. So meldete er 1962 das Patent für das sogenannte Terraplane BC4 an, dessen „Technik der elastischen Schürze (deren Prinzip im folgenden Kapitel erläutert wird) unter verschiedenen Formen auf der ganzen Welt bekannt wurde, und die praktische Entwicklung der Aerogleiter (…) stark beschleunigte" [2]. Kurz danach entwickelte er zusammen mit seinen Mitarbeitern den ersten Prototypen eines Luftkissenzuges, welcher an eine Führungsschiene gebunden war und auf einem durch einen Kompressor erzeugten Luftkissen schwebte. Das schwebende Fahrzeug erhielt seinen Vorschub durch einen Propeller, welcher von einem Flugzeugmotor angetrieben wurde. In den folgenden Jahren wurde diese Technologie immer weiter entwickelt und es entstanden neu und verbesserte Prototypen. 1974 beschleunigte das Team um Bertin einen dieser Prototypen auf genau 430 km/h und brach damit den Weltrekord für die mit spurgebundenen Fahrzeugen erzielte Höchstgeschwindigkeit. Dennoch kam der AÉROTRAIN nie über die Testphase hinaus und so wurde der Versuchsbetrieb und die Forschungen Ende der 70er Jahre völlig eingestellt [3]. Als Grund hierfür ist unter anderem die starke Konkurrenz durch den TGV (Train à Grande Vitesse) zu nennen. Von der Geschichte des AÉROTRAIN zeugen heute nur noch zwei erhaltene Prototypen (von einer im Verkehrsmuseum Sinsheim ausgestellt ist), Überreste der verfallenen Teststrecke sowie diverse Gedenktafeln. Jean Bertin starb am 21. Dezember 1975 in Neuilly-sur-Seine [4].

3. Die elastische Schürze

„Der Aerozug ist ein Fahrzeug, das von einem Luftpolster getragen wird und eine Führung aufweist", man spricht in manchen Fällen auch von einem geführten Aerogleiter. Der Vorschub solcher Fahrzeuge kann durch unterschiedliche Antriebssysteme erfolgen, z.B. durch Propeller, Strahlentriebwerke oder Linearmotoren. Wir wollen uns jedoch auf die für den Auftrieb notwendigen Luftpolster und deren Erzeugung konzentrieren.

---

[2]   Jean Bertin, Paul Guienne, Charles Marchetti: Gegenwärtige Aussichten der Luftkissenfahrzeuge. In: Organ der wissenschaftlichen Gesellschaft für Luft- und Raumfahrt e.V.: Zeitschrift für Flugwissenschaften. 14. Jahrgang, 1966. S. 350.

[3]   vgl.: Bruno Latour: ARAMIS or the Love for Technology. Cambridge 1996, S. 13.

[4]   vgl.: Vincent Guigueno: Building a High-Speed Society: France and the Aérotrain, 1962-1974. In: Journal of Transport History. Volume 49, Number 1. 2008, S. 23.

Bereits Anfang der 1960er Jahre forschte die Firma Ford an einem Gleitschienensystem, dem Ford Levapad (Siehe Anhang, Abb. 1), das die Vorteile des Luftkissens für den Schienenverkehr nutzbar machen sollte. „Der um die Schiene herumgreifende Schuh bekommt seine Stabilität um die Mittellage dadurch, daß bei einer Störung nach der Seite oder nach oben die Spalte ungleichmäßige Dicken bekommen, womit verschiedene Drücke und somit rückführende Kräfte entstehen" [5]. Dieses System hat jedoch den Nachteil, dass es sehr anfällig für äußere Einwirkungen (z.B. Windböen) ist. Außerdem umschließt die Führungsvorrichtung des Fahrzeuges die Schiene, was u.a. sehr aufwendige Weichenanlagen erfordert. In der Praxis bewährte sich eine Fahrbahn mit dem Querschnitt in Form eines umgekehrten T (siehe Anhang, Abb. 2), da dies das Profil ist, „bei dem die Zentren der störenden Stöße und die der Korrektur die kleinsten Abstände besitzt" [6]. In der Regel sorgen bei solchen System horizontale und mit Reifen versehene Führungsräder, die die vertikale Führungsschiene umfassen, dafür, dass das Fahrzeug in der Spur gehalten wird.

Um das zum Gleiten notwendige Luftkissen zu erzeugen, eignet sich die von Jean Bertin entwickelte Luftkissenhaube mit elastischer Schürze. „Ohne allzusehr auf Einzelheiten eingehen zu wollen, kann gesagt werden, daß ein Aerogleiter ein Fahrzeug mit einem gegen den Boden gewendeten Hohlraum ist, in den durch einen Luftverdichter Luft gedrückt wird (siehe Anhang, Abb. 3). Das Gleichgewicht stellt sich ein, wenn der Druckverlust des um den Peripherieschlitz austretenden Luftstroms gleich dem Überdruck des Auftriebs wird. Es ist klar, daß abgesehen von allen anderen Verlusten (…) die kinetische Energie der Luft, die auf diese Weise entweicht, verloren geht" [7]. Der Energieverlust wird also um so größer, je höher die Flughöhe ist. Soll nun ein Luftkissenfahrzeug mit Luftkissenhaube ein Hindernis von z.B. 50 cm überwinden, so ist es notwendig, dass die Flughöhe über der Höhe des zu überwindenden Hindernisses liegt, in unserem Falle also bei über 50 cm. Diese Flughöhe würde einen enormen Treibstoffverbrauch erfordern. Um jedoch die Wirtschaftlichkeit eines Aerogleiters zu sichern, ist die Fahrt möglichst nahe der Oberfläche vorauszusetzen [8]. Um diesem hohen Energieverlust entgegenzuwirken, versah Bertin die Luftkissenhaube mit einer elastischen Schürze.

---

[5] W. Just: Vertikalflugzeuge und Luftkissenfahrzeuge. Eine Übersicht über die verschiedenen Arten, ihre Start- und Landebahnen sowie Probleme der Steuerung und Stabilität. Stuttgart 1961. S. 214.

[6] Bertin 1966, S. 357.

[7] Bertin 1966, S. 350.

[8] vgl. Bertin 1966, S. 355.

Wie sich auf der stark vereinfachten Darstellung (Skizze 1) erkennen lässt, legt sich die elastische Schürze (rot eingezeichnet) um das Hindernis und gewährleistet so einen minimalen Peripherieschlitz von nur wenigen Millimetern, wodurch der Luftaustritt - und somit der Energieaufwand - minimiert werden kann.

Skizze 1:

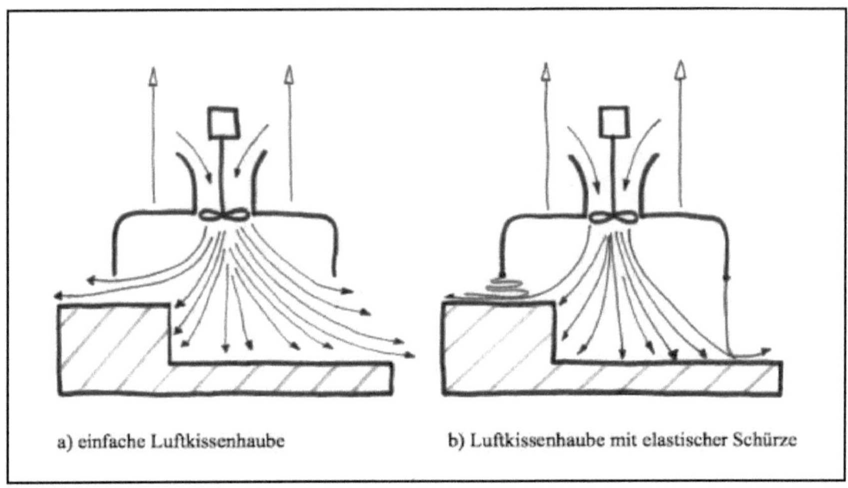

Der Vorteil gegenüber einfachen Luftkissenhauben besteht darin, dass der aufgebaute Luftdruck lediglich so groß sein muss, um das Fahrzeug anzuheben und den geringen Verlust der durch die minimalen Peripheriespalten am unteren Ende der Schürze ausströmende Luft auszugleichen. Gegenüber dem und Luftfilmgeräten (siehe Anhang, Abb. 4), das eine sehr ebene Auflagefläche benötigt, kann die Luftkissenhaube mit elastischer Schürze auch auf Fahrbahnen mit Unebenheiten operieren. Zusätzlich können Dank der elastischen Schürze auch eventuelle Höhenunterschiede der Fahrbahn ausgeglichen werden, ohne die Fahreigenschaften des Fahrzeuges wesentlich zu beeinflussen Bei allen Prototypen des AÉROTRAIN kamen mehrere Haubenluftkissen mit kreisförmigen elastischen Schürzen zum Einsatz. Die Schürzen verliefen nach unten zu leicht konisch, wodurch sie hydrostatisch stabil waren [10].

---

[9]   vgl.: Bertin 1966, S. 350.

[10]   vgl.: edb., S. 353.

4. AÉROTRAIN *Expérimental* 01 & AÉROTRAIN *Expérimental* 02

Am 16.12.1965 wurde der AÉROTRAIN *Expérimental* 01 (siehe Anhang, Abb. 5) fertiggestellt, allerdings nur im Maßstab 1:2. Er wog bei einer Gesamtlänge von 11,10m ca. 2,6 Tonnen und zwei Ventilatoren, die wiederum von zwei Renault-Gordin-Motoren mit jeweils 50 PS angetrieben wurden, hoben das Fahrzeug auf eine Schwebehöhe von 2-3mm. Für den Vorschub sorgte ein Flugzeugmotor des Typs Continental IO-470 mit 260 PS, welcher einen Dreiflügelpropeller antrieb. Auf Grund der reduzierten Größe des Fahrzeuges (Maßstab 1:2), beschränkte sich der verfügbare Innenraum auf das Cockpit (in dem ein Pilot Platz fand) sowie einen Fahrgastraum mit vier Sitzplätzen. Der gesamte restliche Raum, in etwa 2/3 des Fahrzeuges, wurde von der erforderlichen Technik beansprucht [11]. Um die Produktionskosten des ersten AÉROTRAIN möglichst gering zu halten, verzichtete Bertin auf die Entwicklung von eigenen Motoren und nutze zusätzlich eine Vielzahl von Standardkomponenten aus der Automobilindustrie, so zum Beispiel Fahrzeugsitze des Citroen DS und Türgriffe des legendären Citroen 2CV und lies die Trage- und Bremskufen lediglich aus Holz anfertigen [12].

Das besagte Fahrzeug erreichte schon wenige Tage nach seiner Fertigstellung auf der bis dahin 1km langen Teststrecke in Gometz-la-Ville (südwestlich von Paris) Höchstgeschwindigkeiten von bis zu 200 km/h. Nach dem vollendeten Ausbau der Strecke betrug die Fahrbahnlänge ca. 6,7 km. Unterdessen wurde der AÉROTRAIN Expérimental 01 durch die Anbringung eines 1700 PS starken Düsenantriebs modifiziert. Die dadurch erzielte Maximalgeschwindigkeit von ca. 330 km/h konnte Dank des verlängerten Fahrweges nun auch über einen größeren Zeitraum konstant gehalten werden. Bis zum Jahre 1969 legte das Luftkissenfahrzeug eine Gesamtstrecke von Rund 25000 km zurück und beförderte etwa 6000 Fahrgäste [13].

Während die Versuchsstrecke bis zum Jahre 1969 auf eine Länge von insgesamt 10 km ausgebaut wurde, konstruierte Bertin mit seinem Team den zweiten Prototyp, den AÉROTRAIN *Expérimental* 02 (siehe Anhang, Abb. 6). Das auf Hochgeschwindigkeit ausgelegte Versuchsfahrzeug verfügte aus Gründen der Gewichtsreduzierung über keinen Fahrgastraum, und so bot es lediglich Platz für einen

---

[11]   vgl.: O.A.: Rollen – schweben – Fliegen: mit neuen Antrieben schneller ans Ziel. In: hobby...die Zukunft miterleben. Heft Nr. 19. 1970, S. 87.

[12]   vgl.: www.luftkisenzug.de

[13]   vgl.: edb.

Piloten und einen Messtechniker. Das 8,50 m lange Vehikel war mit einem Strahlentriebwerk des Typs Bratt and Whitney JT12 ausgestattet und Verfügte dadurch über einen Schub von 1200 kg. Für den Auftrieb sorgte der Luftgenerator „Palouse" der Firma Turbomeca. Dieser hob das futuristisch anmutende Fahrzeug mit einem Druck von 3 bar (ca. $3kg/cm^2$) auf die erforderliche Schwebehöhe. Durch das Hinzuschalten eines Hilftriebwerks mit einem Schub von 500 kg konnte der AÉRO-TRAIN *Expérimental* 02 am 22.01.1969 mit einer Spitzengeschwindigkeit von 422 km/h gefahren werden. Die durch den Betrieb mit dem Versuchsfahrzeug gewonnenen Daten waren ausschlagge-bend für die Entwicklung des AÉROTAIN I-80 (I = Interurbain; 80 = Fahrgastanzahl), welcher im Jahre 1974 den Geschwindigkeitsweltrekord für spurgebundene Fahrzeuge brechen sollte [14].

5. AÉROTRAIN I-80 & AÉROTRAIN I-80 HV

Im Anschluss an die Versuche auf der Teststrecke in Gometz-la-Ville wurde gegen Ende des Jahres 1969 eine zweite Strecke in der Nähe der französischen Stadt Chevilly eröffnet. Dieser Fahrweg war im Gegensatz zur ersten Versuchsanlage aufgeständert (siehe Anhang, Abb. 7). Befahren wurde die 18,5 km lange und durch 929 Stützen getragene Strecke mit dem neu entwickelten AÉROTRAIN I-80 (siehe Anhang, Abb. 8). Zwei Turbinen des Typs TURMO III C3 mit jeweils 1300 PS sorgten für den Antrieb der ummantelten Heckschraube, die das Fahrzeug auf 250-300 km/h beschleunigte. Auf Grund der hohen Lärmentwicklung der Mantelschraube war ebenfalls die Verwendung eines Linearmotors - der in den USA bereits bei ähnlichen Fahrzeugen durch die Firma Rohr Industries erprobt wurde – vorgesehen (vgl. Guigueno 2005, S. 31). Der Auftrieb durch die Luftkissen erfolgte mittels einer Trubine (Astazou XIV) mit 720 PS, die einen tragenden Luftdruck von 4,2 kg/cm^2 (4,2 bar) erzeugte. Das 25 m lange, 3,20 m breite und 4,50 m hohe Luftkissenfahrzeug hatte ein Gesamtgewicht von 19,8 Tonnen. Trotz des hohen Gewichts betrug die Notbremsstrecke bei voller Fahrt lediglich 750 m. Unter anderem war dieser Fahrzeugtyp für den kommerziellen Betrieb auf einer Strecke zwischen Paris und Orléans sowie zwischen Stockholm und dem Flughafen Arlanda vorgesehen [15].

Da die zu erreichende Höchstgeschwindigkeit des AÉROTRAIN I-80 durch den Antrieb mit einem Propeller bei 300 km/h lag, wurde das Fahrzeug nachträglich mit einem Strahlentriebwerk modifi

---

[14]   vgl.: www.luftkissenzug.de

[15]   vgl: O.A.: hobby 1970, S. 87.

ziert (neue Bezeichnung I-80 HV; siehe Anhang, Abb. 9) und stellte am 05.03.1974 mit erreichten 430 km/h einen neuen Geschwindigkeitsrekord für spurgeführte Fahrzeuge auf.

6. Vor- und Nachteile des AÉROTAIN

Die Vorteile des AÉROTRAIN liegen in der Tatsache, dass das Fahrzeug keinen physischen Kontakt zur Fahrbahn hat und dadurch keine Reibung entstehen kann. Bei herkömmlichen Schienenfahrzeugen hingegen üben die tonnenschweren Fahrzeuge über ihre Achsen einen enormen Druck auf die Gleise aus. Schon kleine Störungen (wie z.B. Unebenheiten an einem Rad) können so große Schwingungen hervorrufen. „Die Größe selbst der sich lokal auswirkenden Kräfte – mehrere Tonnen pro Rad – und ihre häufigen Wiederholungen – wenn man die Geschwindigkeit steigert, bewirken, das die Gesamtheit des Materials, Schienen, Räder, Schwellen und Achsen, unvermeidbaren Schwingungen und Resonanzen unterworfen sind, die immer gefährlichere Wechselbeanspruchungen mit sich bringen. Da die Masse der Räder (Achsen) zwangsläufig groß sind, können diese außerdem nicht den kleineren Unebenheiten der Schiene folgen" [16] . (Bertin 1966, S. 352). Oder mit anderen Worten: „Bei höheren Geschwindigkeiten wird das System instabil, Schwingungen, die durch Störungen angeregt werden, klingen nicht mehr ab und Wachsen bis ins Unendliche" [17]. Im Extremfall führen diese Schwingungen – im Englischen als *hunting oscillation* bezeichnet - zur Entgleisung des Zuges.

Bei Schienenfahrzeugen gestaltet sich ebenfalls die Fahrt in Kurven bei hohen Geschwindigkeiten recht schwierig. Bei einem Eisenbahn-Radsatz sind beide Räder starr mit einer Achse verbunden. Dadurch haben beide Räder dieselbe Umdrehungsgeschwindigkeit und legen grundsätzlich pro Umdrehung die gleiche Wegstrecke zurück. In einem Gleisbogen ist jedoch der Weg, den das äußere Rad zurückzulegen hat, weiter als der des inneren Rades. Um diese Wegdifferenz ausgleichen zu können, hat die Lauffläche eines Eisenbahn-Rades ein konisches, kegelstumpfförmiges Profil. „Bei Kurvenfahrt verschiebt sich deshalb der wirksame Durchmesser des kurveninneren Rades auf einen kleineren Durchmesser, der des äußeren Rades auf einen größeren Durchmesser und so gleicht die Achse ungleiche Wege aus" [18]. Diese Phänomen ist der Skizze 2 vereinfacht dargestellt.

---

[16] .   Bertin 1966, S. 352.

[17]   Dietmar Lübke: Handbuch - Das System Bahn. Hamburg 2008. S. 143.

[18]   vgl.: www.arstechnica.de

Skizze 2:

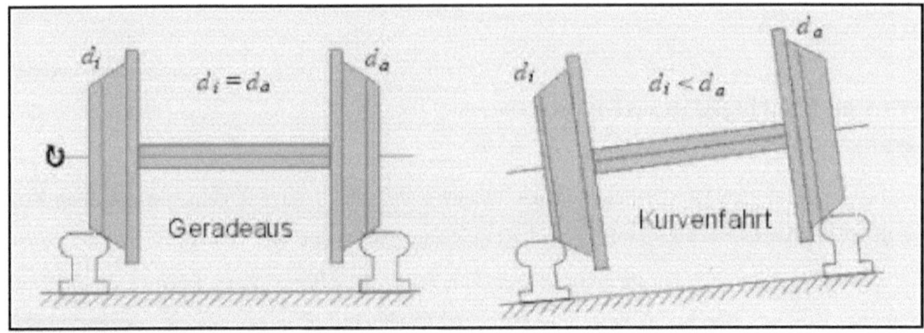

(Quelle: www.arstechina.de)

Allerdings sind Kurvenfahrten mit Schienenfahrzeugen bei hoher Geschwindigkeit nur bis zu einem gewissen Grade möglich, da sonst die Steilkurve mit steigender Geschwindigkeit immer mehr angehoben werden, bzw. die Radien der Kurve sehr groß angelegt werden müssen um einem Entgleisen -vor allem auch durch die entstehenden Fliehkräfte – entgegenzuwirken. Der AÉROTRAIN umgeht dieses Problem mit der reibungslosen Fahrt auf dem Luftkissen. Er muss bei einer Kurvenfahrt lediglich die Fliehkraft ausgleichen, was jedoch durch eine stabile Führungsschiene in der Mitte der Fahrbahn kein großes Problem darstellt.

Zusätzlich wirkt sich die hohe Belastung der Gleise und der Achsen durch das enorme Gewicht des Schienenfahrzeuges sehr negativ auf die Lärmentwicklung aus, z.B. beim Überfahren von Schienenstößen. Hinzu kommen die durch den Luftwiederstand entstehenden Geräusche und bei elektrifizierten Strecken die Schallwellen, die durch das Reiben des Pantographen an der Fahroberleitung entwickelt werden. Der AÉROTRAIN hingegen fährt ohne Kontakt zur Fahrbahn und ohne Oberleitung und so entstehen Geräusche nur auf Grund der Aerodynamik und des Antriebs. Die Lärmbelastung bei einem eventuellen Gebrauch eines Linearmotors könnte hingegen, ähnlich wie beim Transrapid, auf ein Minimum reduziert werden.

Als letzter Punkt soll die vorteilhafte Fahrbahnkonstruktion des AÉROTRAIN genannt werden, die durch das geringe Gewicht des Fahrzeuges (beim AÉROTRAIN I-80 etwa 20 Tonnen) möglich ist. Es bietet sich eine aufgeständerte Fahrbahn an, die den Wertverlust von Grundstücken – ähnlich wie bei mit Hochspannungsleitung durchzogenen Grundstücken – im Gengensatz zu auf der Erde liegenden Fahrbahnen gering hält [19].

---

[19]   vgl.: Bertin 1966, S.357.

Aus den zuvor genannten Gründen waren Schienenfahrzeugen lange Zeit Grenzen im Bezug auf ihre Geschwindigkeit gesetzt. Erst nach jahrzehntelanger Forschung, vor allem im Bereich der Materialkunde, konnten z.B. Gleise mit nahezu ebenen Oberflächen und wirkungsvolle Stoßdämpfersysteme entwickelt werden, die die Fahrt mit hohen Geschwindigkeiten ermöglichten. Mit diesen Problemen der Dynamik hat der Aerogleiter jedoch nicht zu kämpfen. Er selbst hat - wie zuvor erwähnt - keinen Kontakt zur Fahrbahn und zusätzlich verteilt sich der Druck des sehr leichten Fahrzeuges über eine große Fläche, „also ohne lokale Konzentration von Beanspruchung" [20].

Zu nennen sind aber auch die Nachteile des AÉROTRAIN. Zugverbände, also mehrere über Kupplungen miteinander verbundene Fahrzeugeinheiten, lassen sich nur schwer realisieren, da jede Einheit über einen eigenen zum Auftrieb nötigen Kompressor verfügen müsste, bzw. ein kompliziertes System von Schläuchen die Drucklusftversorgung von einem zentralen Ort des Zuges aus gewährleisten müsste.

Außerdem ist der AÉROTRAIN nicht mit anderen Schienensystemen kompatibel und so müssen sämtliche Trassen neu errichtet werden. Um den Fahrgästen den Anschluss an andere Verkehrssystem, wie z.B. der Bahn, zu ermöglichen, muss der Luftkissenzug jedoch bis in die Zentren der Städte gelangen. Hierfür müssten teure Grundstücke im Stadtzentrum erworben werden, auf denen dann die Trasse errichtet werden kann. Hier liegt der Vorteil von herkömmlichen Hochgeschwindigkeitszügen. Sie fahren außerhalb der Ortschaften auf eigens gebauten Hochgeschwindigkeitstrassen und nutzen in Ballungszentren das bereits vorhandene Schienensystem um bis in die Zentren der Städte, z.B. zu den Hauptbahnhöfen, zu gelangen.

7. Fazit

Bei allen Prototypen des AÉROTRAIN, auch dem AÉROTRAIN S-44 - der genau wie der I-80 bei einem Brand völlig zerstört wurde und über den fast keine Dokumente existieren und deshalb im Rahmen dieser Hausarbeit nicht besprochen wurde - handelt es sich um sehr spannende Fahrzeugstudien des vergangenen Jahrhunderts. Die für die damalige Zeit revolutionäre Technik der Züge, ihr futuristisches Design und das Prinzip des reibungslosen Gleitens fasziniert die Menschen bis heute. Das der Luftkissenzug niemals über das Versuchsstadium herauskam und nicht im Regelbetrieb Anwendung fand hat viele Gründe: "Der AÉROTRAIN ist nicht an seiner Technik oder Wirtschaftlichkeit gescheitert, sondern an massiven Widerständen der SNCF, der Rad-Schiene-

---

[20]   Bertin 1966, S. 352.

Industrie und zuletzt am fehlenden politischen Willen", ist Jürgen Körner heute überzeugt. Und als ob die Luftkissen-Piloten diese Konkurrenz vorausgeahnt hätten, hatten sie schon in den Jahren zuvor immer mal wieder regelrechte Rennen zwischen dem AÉROTRAIN und den auf der parallel zur Teststrecke fahrenden normalen Schnellzügen ausgefochten - die normalen Eisenbahnen wurden dabei jeweils locker abgehängt" [21].

Nach Einstellung des Testbetriebs im Jahre 1974 und dem Verfall der Versuchsanlage geriet das ehemalige französische Vorzeigeobjekt AÉROTRAIN nach und nach in Vergessenheit, bis der Rekordzug I-80 am 22. März 1992 ein letztes mal für Schlagzeilen sorgte: An besagten Tag um sechs Uhr morgens ging der zur Unterbringung des Fahrzeuges erbaute Hangar aus bislang ungeklärten Gründen in Flammen auf. Das Gebäude brannte bis auf die Grundmauern nieder und mit ihm der AÉROTRAIN I-80. Die völlig zerstörten Überreste des Luftkissenzuges wurden hierauf verschrottet und so fand Jean Bertins Zukunftsvision an diesem Morgen ihr trauriges Ende [22].

---

[21]   Armin Himmelrath: Monster auf Schienen – Der Luftzug. Online: www.spiegel.de/einestages.

[22]   vgl.: edb.

8. Anhang

Abb. 1: Ford Levapad (Querschnitt der Gleitschiene)

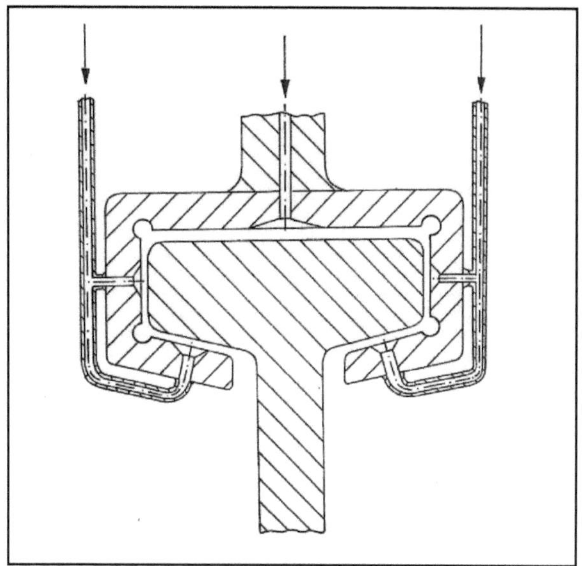

Abb. 2: Querschnitt des AÉROTRAIN-Fahrweges bei Chevilly

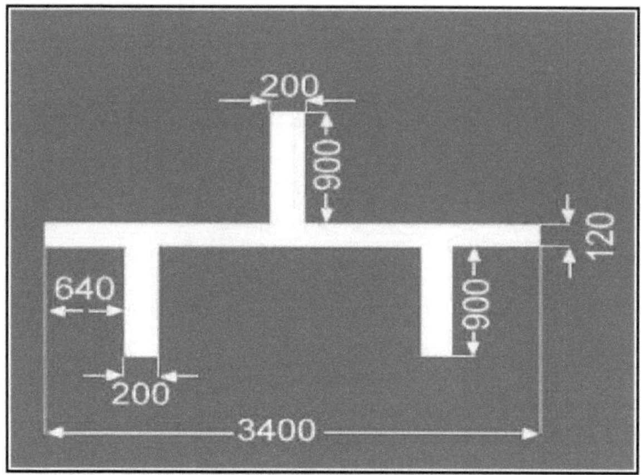

Abb. 3: Prinzip einer Luftkissenhaube

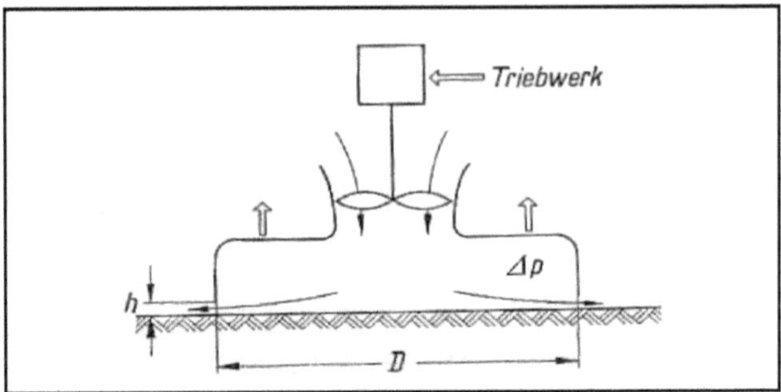

Abb. 4: Luftfilmgerät

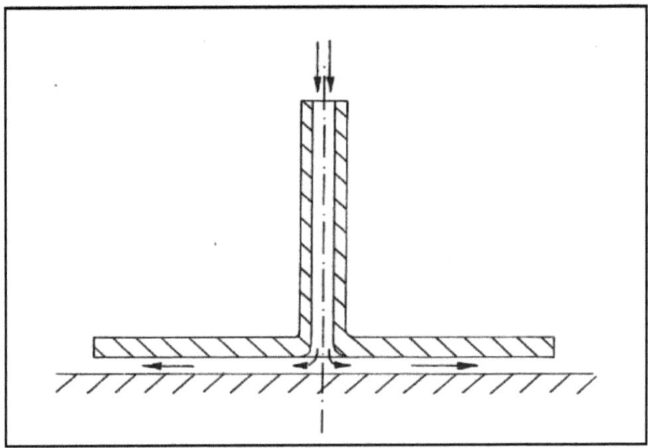

Abb. 5: AÉROTRAIN *Expérimental* 01

Abb. 6: AÉROTRAIN *Expérimental* 02

Abb. 7: Aufgeständerte Teststrecke bei Cheville

Abb. 8: AÉROTRAIN I-80 mit ummantelter Heckschraube

Abb. 9: AÉROTRAIN I-80 HV mit Strahlentriebwerk

9. Literaturverzeichnis

<u>Literaturquellen</u>:

- Bertin, Jean; Guienne, Paul; Marchetti, Charles: Gegenwärtige Aussichten der Luftkissenfahrzeuge. In: Organ der wissenschaftlichen Gesellschaft für Luft- und Raumfahrt e.V.: Zeitschrift für Flugwissenschaften. 14. Jahrgang, 1966. S. 349 – 362.

- Calvert, Brian: Flying Concorde. Shrewsbury 1981.

- Guigueno, Vincent: Building a High-Speed Society: France and the Aérotrain,1962-1974. In: The Johns Hopkins Univeristy Press: Journal of Transport History. Volume 49, Number 1, 2008. S. 21 – 40.

- Just, W.: Vertikalflugzeuge und Luftkissenfahrzeuge. Eine Übersicht über die verschiedenen Arten, ihre Start- und Landebahnen sowie Probleme der Steuerung und Stabilität. Stuttgart 1961.

- Latour, Bruno: ARAMIS or the Love for Technology. Cambridge 1996.

- Lübke, Dietmar: Handbuch. Das System Bahn. Hamburg 2008.

- O.A.: Rollen – schweben – Fliegen: mit neuen Antrieben schneller ans Ziel. In: hobby...die Zukunft miterleben. Heft Nr. 19, 1970. S. 80 – 91.

<u>Onlinequellen</u>:

- www.arstechnica.de

- www.luftkissenzug.de

- www.spiegel.de/einestages

10. Bildquellen

Skizze 1:   frei nach: Bertin, Jean; Guienne, Paul; Marchetti, Charles: Gegenwärtige Aussichten der Luftkissenfahrzeuge. In: Organ der wissenschaftlichen Gesellschaft für Luft- und Raumfahrt e.V.: Zeitschrift für Flugwissenschaften. 14. Jahrgang, 1966. S.354

Skizze 2:   Online:www.arstechnica.de/index.htmlname=http://www.arstechnica.de/auto/differential/differential.html (Stand: 15.05.2011)

Abb. 1:   Just, W.: Vertikalflugzeuge und Luftkissenfahrzeuge. Eine Übersicht über die verschiedenen Arten, ihre Start- und Landebahnen sowie Probleme der Steuerung und Stabilität. Stuttgart 1961. S. 214.

Abb. 2:   Online: http://www.luftkissenzug.de (Stand: 14.05.2011)

Abb. 3:   Bertin, Jean; Guienne, Paul; Marchetti, Charles: Gegenwärtige Aussichten der Luftkissenfahrzeuge. In: Organ der wissenschaftlichen Gesellschaft für Luft- und Raumfahrt e.V.: Zeitschrift für Flugwissenschaften. 14. Jahrgang, 1966. S.354.

Abb. 4:   Just, W.: Vertikalflugzeuge und Luftkissenfahrzeuge. Eine Übersicht über die verschiedenen Arten, ihre Start- und Landebahnen sowie Probleme der Steuerung und Stabilität. Stuttgart 1961. S. 213.

Abb. 5. - 9:   Online: http://www.luftkissenzug.de (Stand: 14.05.2011)